Valiyollah Ghazanfari

Modelagem de fluxo de deriva do fluxo bifásico em geradores de vapor VVER-1000

Valiyollah Ghazanfari

Modelagem de fluxo de deriva do fluxo bifásico em geradores de vapor VVER-1000

Melhorar a segurança e a eficiência através de simulações CFD avançadas

ScienciaScripts

Imprint

Any brand names and product names mentioned in this book are subject to trademark, brand or patent protection and are trademarks or registered trademarks of their respective holders. The use of brand names, product names, common names, trade names, product descriptions etc. even without a particular marking in this work is in no way to be construed to mean that such names may be regarded as unrestricted in respect of trademark and brand protection legislation and could thus be used by anyone.

Cover image: www.ingimage.com

This book is a translation from the original published under ISBN 978-620-8-01111-6.

Publisher:
Sciencia Scripts
is a trademark of
Dodo Books Indian Ocean Ltd. and OmniScriptum S.R.L publishing group

120 High Road, East Finchley, London, N2 9ED, United Kingdom
Str. Armeneasca 28/1, office 1, Chisinau MD-2012, Republic of Moldova, Europe
Printed at: see last page
ISBN: 978-620-8-06915-5

Modelação do fluxo de deriva do escoamento bifásico em geradores de vapor VVER-1000: Melhoria da segurança e da eficiência através de simulações CFD avançadas

Valiyollah Ghazanfari

Escola de Investigação sobre Reactores e Segurança Nuclear, Instituto de Investigação em Ciências e Tecnologias Nucleares, Teerão, Irão

Correio eletrónico do autor correspondente: vghazanfary@aeoi.org.ir

Palavras-chave: Modelo de deriva-fluxo (DFM), fração de vazio, reator nuclear VVER-1000, gerador de vapor horizontal

RESUMO

Este livro centra-se na simulação e análise de um gerador de vapor nuclear VVER-1000 utilizando o modelo Drift-Flux (DFM) implementado no código de dinâmica de fluidos computacional FLUENT. O estudo demonstra a validade e superioridade da abordagem DFM na previsão do parâmetro crítico da fração de vazio para diferentes geometrias de geradores de vapor. Os resultados da simulação são comparados com o RELAP5, BAGIRA e dados experimentais, confirmando a exatidão do modelo DFM. A investigação do efeito da chapa perfurada no topo dos tubos quentes horizontais mostra que esta influencia significativamente a distribuição da fração de vazio. O autor conclui que a capacidade do DFM em prever a fração de vazios pode contribuir para a avaliação de dados experimentais e apoiar o processo de licenciamento de componentes de centrais nucleares, como o gerador de vapor horizontal VVER-1000. Em termos gerais, o livro destaca a eficácia do DFM na simulação do comportamento complexo do escoamento bifásico e da distribuição da fração de vazio no gerador de vapor horizontal VVER-1000, o que pode ajudar na otimização do projeto e funcionamento do gerador de vapor, bem como nas avaliações regulamentares, melhorando, em última análise, a segurança e a eficiência da produção de energia nuclear.

Índice

1. Introdução

Os geradores de vapor horizontais desempenham um papel vital na conceção e funcionamento das centrais nucleares VVER-1000 [1, 2]. Estes reactores nucleares, amplamente utilizados na Europa de Leste e na Rússia, utilizam uma configuração de reator de água pressurizada (PWR), em que o circuito primário de arrefecimento transfere a energia térmica gerada no núcleo do reator para o circuito secundário de produção de vapor através do gerador de vapor.

Ao contrário da conceção tradicional do gerador de vapor vertical, o VVER-1000 utiliza uma orientação horizontal para os tubos do gerador de vapor [3]. Esta conceção única oferece várias vantagens, tais como uma melhor circulação natural e estabilidade do fluxo, uma melhor separação da humidade e uma transferência de calor mais eficiente entre os fluidos de arrefecimento primário e secundário. O desempenho e a fiabilidade do gerador de vapor horizontal são cruciais para a eficiência global, a segurança e as caraterísticas operacionais da central nuclear VVER-1000 [4]. O lado secundário do gerador de vapor horizontal passa por um regime complexo de escoamento bifásico, uma vez que a água de alimentação sofre uma mudança de fase de um líquido sub-arrefecido para uma mistura de líquido e vapor (vapor) à medida que absorve o calor do refrigerante primário. Modelar e compreender com precisão este comportamento do escoamento bifásico é essencial para prever a transferência de calor e a dinâmica dos fluidos no gerador de vapor, o que, por sua vez, afecta o desempenho global da instalação [5].

Em 1993, Sonnenburg utilizou o código termo-hidráulico ATHLET para efetuar análises LOCA e transientes para centrais nucleares VVER. O estudo também forneceu uma visão geral do projeto de geradores de vapor horizontais e enumerou brevemente as diferenças entre os projectos de reactores ocidentais e orientais [6].

Em 1999, Stanovič calculou a qualidade volumétrica do vapor em vários locais de um gerador de vapor VVER-1000 e comparou os resultados com dados experimentais. O estudo também descreveu os padrões de fluxo de vapor em diferentes planos do gerador de vapor [7].

Em 2000, Gróf efectuou uma análise termo-hidráulica do gerador de vapor utilizando o código RELAP5 em condições de redução severa do inventário de água no gerador de vapor. Este trabalho ajudou a prever melhor o desempenho da central em situações de emergência e cenários de acidente [8].

Em 2005, Espinoza, utilizando o código RELAP5, obteve as variações transitórias de pressão, temperatura e nível de água num gerador de vapor horizontal e comparou os resultados com dados experimentais [9].

Em 2007, Farăng determinou o efeito de diferentes níveis de potência do reator em vários parâmetros termo-hidráulicos de um gerador de vapor vertical [10].

Em 2008, Nematolahi, utilizando o código RELAP5 para modelar a central nuclear de Bushehr, investigou o impacto da degradação dos tubos do gerador de vapor no desempenho do gerador de vapor e nos parâmetros termo-hidráulicos [11].

Em 2009, foi apresentado um modelo termo-hidráulico 2D fiável do gerador de vapor em condições de estado estacionário e transiente utilizando o código RELAP5. Foram efectuados cálculos exaustivos com diferentes esquemas de nodalização, tendo sido obtidas caraterísticas importantes do gerador de vapor. Os resultados da análise em estado estacionário utilizando o RELAP5 mostraram uma concordância aceitável e razoável com a central de Bushehr [12].

Em 2010, Patikakos estudou e simulou os lados secundário e primário do gerador de vapor. Utilizando o código APROS, começou por determinar as temperaturas dos tubos exteriores em diferentes locais e, em seguida, combinou estes valores na nodalização do lado secundário para calcular os padrões de fluxo e as fracções de vazio em várias posições. Os seus cálculos mostraram que a fração de vazio do vapor é mais elevada no lado da perna quente do gerador de vapor VVER-440 em comparação com o lado da perna fria [13].

Uma das abordagens mais utilizadas para a modelação de escoamentos bifásicos é o modelo de dois fluidos, em que são formulados conjuntos separados de equações de massa, momento e energia para cada fase (líquido e vapor) [14, 15]. Embora concetualmente simples, o modelo de dois fluidos apresenta desafios significativos na resolução das duas equações de momento separadas devido às complexidades matemáticas e incertezas na especificação precisa dos termos de interação interfacial entre as fases [16]. Para resolver as deficiências do modelo de dois fluidos, os investigadores desenvolveram uma abordagem alternativa conhecida como modelo de deriva-fluxo (DFM) [17]. O DFM adopta uma perspetiva diferente, utilizando uma única equação de momento da mistura e tendo em conta o movimento relativo entre as fases [18, 19]. Esta abordagem é particularmente adequada para situações em que os movimentos das duas fases estão fortemente acoplados, como é o caso dos geradores de vapor horizontais das centrais nucleares VVER-1000. O modelo drift-flux foi originalmente proposto por Zuber e Findlay em 1965 [20] e, desde então, tem sido amplamente adotado por investigadores e engenheiros para modelar fenómenos de escoamento bifásico em várias aplicações, incluindo geradores de vapor horizontais. O DFM proporciona uma forma mais prática e eficaz de captar o comportamento complexo do escoamento bifásico, permitindo melhores previsões da transferência de calor e da dinâmica dos fluidos nestes componentes críticos da central nuclear VVER-1000.

Utilizando o modelo drift-flux, os investigadores e engenheiros podem obter uma compreensão mais profunda dos processos de fluxo bifásico que ocorrem nos geradores de vapor horizontais, o que, por sua vez, permite melhorar a conceção, a otimização e as estratégias operacionais das centrais nucleares VVER-1000 [21]. Isto, em última análise, contribui para a segurança, eficiência e fiabilidade globais destas instalações de produção de energia nuclear.

Foram desenvolvidos códigos informáticos termo-hidráulicos para simular o escoamento dinâmico de meios multifásicos, o que é crucial para analisar os processos físicos que ocorrem nos circuitos de circulação das centrais nucleares [22]. Estes códigos permitem aos investigadores e engenheiros modelar e compreender os complexos fenómenos de escoamento multifásico que ocorrem nos vários componentes de uma central nuclear.

2. Descrição do modelo

2.1. Equações de governo

A principal vantagem do DFM é o facto de proporcionar uma abordagem mais simplificada e prática para modelar o escoamento bifásico em comparação com o modelo de dois fluidos. O modelo de dois fluidos requer a resolução de equações de momento separadas para cada fase, o que pode ser matematicamente complexo e difícil, especialmente quando se trata de especificar com precisão os termos de interação interfacial entre as fases líquida e gasosa [23].

Em contrapartida, o DFM adopta uma visão mais holística, utilizando uma única equação do momento da mistura. Ele considera o movimento relativo entre as fases introduzindo o termo "drift-flux", que expressa o efeito da diferença de velocidade entre as fases gasosa e líquida. Isto permite que o DFM calcule rapidamente parâmetros importantes como a fração de vazio e a razão de deslizamento em situações de escoamento bifásico [24].

A forma geral do modelo deriva-fluxo pode ser expressa como [17]:

$$\langle F \rangle = \frac{1}{A} \int_A F \, dA \tag{1}$$

Onde <F> é o valor médio da área da variável F e A é a área da secção transversal. O cálculo da média das áreas é uma técnica muito útil em equações complexas de engenharia que envolvem o escoamento de fluidos e a transferência de calor. Ao efetuar este cálculo da média espacial, as equações diferenciais parciais multidimensionais complexas podem ser transformadas em equações diferenciais ordinárias unidimensionais simplificadas, que são muito mais fáceis de resolver numérica ou analiticamente.

A expressão geral para a variável média da área <F>, ponderada pela fração de vazio α, é:

$$\langle\langle F_k \rangle\rangle = \frac{\langle \alpha_k F_k \rangle}{\langle \alpha_k \rangle} \tag{2}$$

Se o índice k for alterado para f, representa a fase líquida, e se o índice for alterado para g, representa a fase gasosa.

Se as densidades de cada fase, ρ_f para a fase líquida e ρ_g para a fase gasosa, forem assumidas como uniformes ao longo da área da secção transversal, então:

A densidade média da fase líquida na área é:

$$\langle\langle \rho_k \rangle\rangle = \rho_k \tag{3}$$

Dado o pressuposto de que o gradiente de pressão ao longo da secção transversal do canal é relativamente pequeno para aplicações práticas de escoamento bifásico, a densidade média da mistura na área pode ser expressa como:

$$\langle \rho_m \rangle \equiv \langle \alpha_g \rangle \rho_g + (1 - \langle \alpha_g \rangle)\rho_f \tag{4}$$

Dado o pressuposto de um pequeno gradiente de pressão ao longo da secção transversal, a componente de velocidade axial ponderada da fração de vazios para a fase k (em que k pode ser a fase líquida f ou a fase gasosa g) é expressa como

$$\langle\langle v_k \rangle\rangle = \frac{\langle \alpha_k v_k \rangle}{\langle \alpha_k \rangle} = \frac{\langle j_k \rangle}{\langle \alpha_k \rangle} \tag{5}$$

A velocidade média da mistura na área pode então ser calculada como:

$$\bar{v}_m = \frac{\langle \rho_m v_m \rangle}{\langle \rho_m \rangle} = \frac{\langle \alpha_g \rangle \rho_g \langle\langle v_g \rangle\rangle + (1 - \langle \alpha_g \rangle)\rho_f \langle\langle v_f \rangle\rangle}{\langle \rho_m \rangle} \tag{6}$$

A velocidade superficial, pode ser expressa como:

$$\langle j \rangle = \langle j_g \rangle + \langle j_f \rangle = \langle \alpha_g \rangle \langle\langle v_g \rangle\rangle + \left(1 - \langle \alpha_g \rangle \right) \langle\langle v_f \rangle\rangle \tag{7}$$

Dadas as propriedades médias da mistura, a entalpia da mistura ponderada pela fração de vazios também deve ser calculada como

$$\bar{h}_{\mathrm{m}} = \frac{\langle \rho_m h_m \rangle}{\langle \rho_m \rangle} = \frac{\langle \alpha_g \rangle \rho_g \langle\langle h_g \rangle\rangle + (1 - \langle \alpha_g \rangle)\rho_f \langle\langle h_f \rangle\rangle}{\langle \rho_m \rangle} \tag{8}$$

A velocidade de deriva ou velocidade de deslizamento da fase vapor na fase gasosa pode ser definida como:

$$v_{\mathrm{gj}} = v_g - j \tag{9}$$

A velocidade média de deriva ou de deslizamento pode ser expressa como:

$$\bar{v}_{\mathrm{gj}} = \langle\langle v_g \rangle\rangle - \langle j \rangle = \left(1 - \langle \alpha_g \rangle \right) \left(\langle\langle v_g \rangle\rangle - \langle\langle v_f \rangle\rangle \right) \tag{10}$$

$$= \langle\langle v_{\mathrm{gj}} \rangle\rangle + (c_0 - 1)\langle j \rangle$$

$$\langle\langle v_{gj} \rangle\rangle = \frac{\langle \alpha_g v_{\mathrm{gj}} \rangle}{\langle \alpha_g \rangle} \tag{11}$$

$$c_0 = \frac{\langle \alpha_g j \rangle}{\langle \alpha_g \rangle \langle j \rangle} \tag{12}$$

Assim,

$$\bar{v}_{\mathrm{gj}} = \frac{\langle j_g \rangle}{\langle \alpha_g \rangle} - \left(\langle j_g \rangle + \langle j_f \rangle \right) \tag{13}$$

$$\langle j_k \rangle = \frac{Q_k}{A} \tag{14}$$

O caudal volumétrico ou fluxo volumétrico da fase k, denotado por Q_k.

Além disso, quando o rácio de densidade (ρ_g / ρ_f) se aproxima da unidade, o parâmetro de distribuição c_0 deve aproximar-se de um valor de 1.

Este comportamento é consistente com os dados experimentais apresentados na Fig .1, que mostram que, à medida que a fração de vazio do vapor (α_g) se aproxima de 1, ou seja, quando todo o volume do escoamento é ocupado pela fase de vapor, o parâmetro de distribuição c_0 também se aproxima de um valor de 1. O parâmetro de distribuição c_0 é um parâmetro importante na análise do escoamento bifásico, uma vez que é responsável pela distribuição não uniforme das fases na secção transversal do escoamento. A derivação de Ishii de relações simples para c_0 com base na razão de densidade e no número de Reynolds, bem como a validação experimental, contribuem para a compreensão e modelação dos fenómenos de escoamento bifásico.

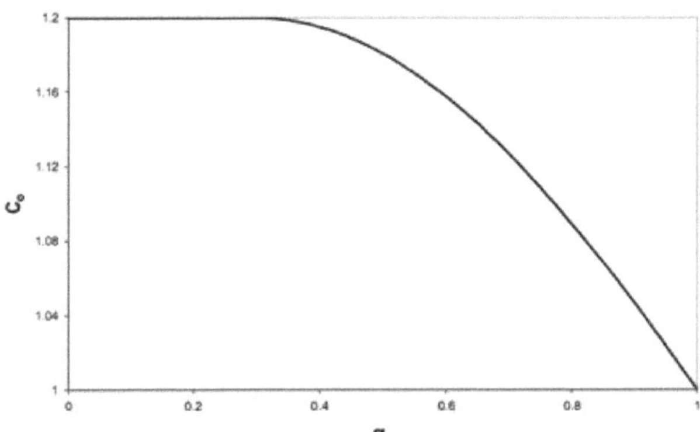

Fig. 1: Gráfico do parâmetro de distribuição (c_0) em função da fração de vazio [17]

O DFM utiliza quatro equações-chave:
- Equação de continuidade para a fase de mistura
- Equação do momento para a fase de mistura

- Equação energética para a fase de mistura
- Equação de continuidade para a fase gasosa

Ao ter em conta os campos de velocidade através da velocidade do centro de massa da mistura e a velocidade de deriva da fase vapor, o DFM pode fornecer uma representação mais precisa dos fenómenos de escoamento bifásico em comparação com o modelo de dois fluidos.

As equações do escoamento bifásico não estacionário para o DFM podem ser expressas da seguinte forma [25]:

Continuidade da mistura:

$$\frac{\partial \langle \rho_m \rangle}{\partial t} + \frac{\partial}{\partial z} \left(\langle \rho_m \rangle \bar{v}_m \right) = 0 \tag{15}$$

Continuidade do gás:

$$\frac{\partial \langle \alpha_g \rangle \rho_g}{\partial t} + \frac{\partial}{\partial z} \left(\langle \alpha_g \rangle \rho_g \bar{v}_m \right) = \langle \Gamma_g \rangle - \frac{\partial}{\partial z} \left(\frac{\langle \alpha_g \rangle \rho_g \rho_f}{\langle \rho_m \rangle} \bar{v}_{gj} \right) \tag{16}$$

Momento de mistura:

$$\frac{\partial \langle \rho_m \rangle \bar{v}_m}{\partial t} + \frac{\partial}{\partial z} \left(\langle \rho_m \rangle \bar{v}_m^2 \right) = -\frac{\partial}{\partial z} \langle \rho_m \rangle + \frac{\partial}{\partial z} \langle \tau_{zz} + \tau_{zz}^T \rangle - \tag{17}$$

$$\langle \rho_m \rangle g_z - \frac{f_m}{2D} \langle \rho_m \rangle \bar{v}_m^2 - \frac{\partial}{\partial z} \left[\frac{\langle \alpha_g \rangle \rho_g \rho_f}{(1 - \langle \alpha_g \rangle) \langle \rho_m \rangle} \bar{v}_{gj}^2 \right]$$

Energia da mistura:

$$\frac{\partial \langle \rho_m \rangle \bar{h}_m}{\partial t} + \frac{\partial}{\partial z} \left(\langle \rho_m \rangle \bar{h}_m \bar{v}_m \right) = -\frac{\partial}{\partial z} (q + q^T) + \frac{q_w'' \xi_h}{A} - \tag{18}$$

$$\frac{\partial}{\partial z} \frac{\langle \alpha_g \rangle \rho_f \rho_g}{\langle \rho_m \rangle} \Delta h_{gf} \bar{v}_{gj} + \langle \phi_m^\mu \rangle$$

Aqui, Δh_{gf} é a diferença de entalpia entre as fases, ξ_h é o perímetro aquecido e ϕ_m^μ é a dissipação de energia da mistura. $\tau_{zz} + \tau_{zz}^T$ simboliza a componente normal do tensor de tensão na direção axial. A velocidade média de deriva é formulada numa forma funcional como:

$$\bar{v}_{gj} = \bar{v}_{gj}\left(\langle \alpha_g \rangle, \langle \rho_m \rangle, g_z, \bar{v}_m, etc. \right) \tag{19}$$

O modelo deriva-fluxo (DFM) evoluiu significativamente ao longo do tempo para ser aplicável a uma maior variedade de geometrias e condições do sistema para além das configurações iniciais de tubos simples [26]. Embora o modelo original de fluxo de deriva (DFM) tenha sido utilizado principalmente para analisar o escoamento bifásico em tubos de pequeno diâmetro com padrões de escoamento relativamente simples, como o escoamento borbulhante ou de arrastamento, a sua aplicabilidade era limitada a diâmetros de tubo maiores, onde os padrões de escoamento se tornam mais complexos com o potencial para bolhas de arrastamento instáveis. Para resolver esta limitação, investigadores como Kataoka, Ishii, Hibiki e outros desenvolveram e aperfeiçoaram o DFM para ter em conta os efeitos de diâmetros de tubagem maiores e fracções de vazio mais elevadas, expandindo a gama de aplicabilidade do modelo[27]. Especificamente: Eles incorporaram os efeitos da parede do tubo e do fluxo turbulento, que se tornam mais proeminentes em tubos de maior diâmetro. Expandiram o DFM para lidar com uma gama mais alargada de regimes de escoamento, para além do escoamento borbulhante e do escoamento de arrastamento. Desenvolveram modelos para os parâmetros de fluxo de deriva que podiam ter em conta diferentes diâmetros e geometrias de tubos, incluindo os espaços complexos entre feixes de tubos em geradores de vapor horizontais. Esta evolução do DFM tornou-o uma ferramenta muito mais versátil e robusta para a análise de escoamentos bifásicos numa variedade de aplicações industriais, incluindo não só tubagens simples, mas também geometrias complexas como os geradores de vapor horizontais [18]. Como foi corretamente referido, o conceito de diâmetro hidráulico equivalente permite que o DFM seja aplicado a estes espaços maiores entre feixes tubulares, proporcionando uma forma prática e eficaz de modelar os fenómenos bifásicos em geradores de vapor horizontais e outros sistemas semelhantes. O aperfeiçoamento e a expansão contínuos do DFM pelos investigadores têm sido cruciais para o tornar uma ferramenta amplamente adoptada e fiável para a análise termo-hidráulica numa vasta gama de aplicações e geometrias.

Por exemplo, foi desenvolvido um regime de caudal de arrastamento para condutas pequenas e grandes da seguinte forma:

Velocidade de deriva em escoamento de projeção para tubos pequenos [28]:

$$v_{\mathrm{gj}} = 0.35\sqrt{\frac{gD\,\Delta\rho}{\rho_f}} \tag{20}$$

Velocidade de deriva em escoamento de projeção para grandes condutas [29]:

$$v_{gj} = 0.0019\{\min(D_H^*, 30)\}\left(\frac{\sigma g\Delta\rho}{\rho_f^2}\right)^{\frac{1}{4}}\left(\frac{\rho_g}{\rho_f}\right)^{-0.157} N_{\mu f}^{-0.562} \tag{21}$$

Em que:

$$N_{\mu f} = \frac{\mu_f}{(\rho_f\sigma\sqrt{\frac{\sigma}{g\Delta\rho}})^{\frac{1}{2}}} \tag{22}$$

E:

$$D_H^* = \frac{D_H}{\sqrt{\frac{\sigma}{g\Delta\rho}}} \geq 40 \tag{23}$$

Aqui, D_H é o diâmetro hidráulico, g é a aceleração devida à gravidade, $\Delta\rho$ é a diferença de densidade entre as fases e σ é a tensão superficial.

A integração do Modelo de Fluxo de Deriva (DFM) no software de dinâmica de fluidos computacional (CFD), como o FLUENT, foi um desenvolvimento fundamental que expandiu ainda mais a aplicabilidade e a usabilidade dessa abordagem. A capacidade da Função Definida pelo Utilizador (UDF) no FLUENT permite que os utilizadores implementem sem problemas as formulações e correlações do DFM para as velocidades de deriva, o que é particularmente útil quando se lida com escoamentos bifásicos em geometrias complexas, como os múltiplos diâmetros de tubos e percursos de escoamento presentes num gerador de vapor. Aproveitando a funcionalidade UDF, os engenheiros e investigadores podem incorporar as expressões DFM apropriadas para as velocidades de deriva, tendo em conta os diâmetros variáveis dos tubos/canais e os regimes de escoamento encontrados no gerador de vapor, personalizar os parâmetros e correlações DFM para melhor se adaptarem às condições de funcionamento específicas e às caraterísticas geométricas do gerador de vapor que está a ser simulado, e integrar facilmente a modelação do escoamento bifásico baseada em DFM na estrutura geral de simulação CFD, permitindo uma análise abrangente dos complexos fenómenos termo-hidráulicos no gerador de vapor. Esta estreita integração do DFM com poderosas ferramentas CFD como o FLUENT tem sido um grande facilitador, tornando muito mais prático e acessível para os engenheiros a simulação e análise de escoamentos bifásicos em equipamentos industriais como geradores de vapor, e a capacidade de considerar os diferentes diâmetros de tubos e condições de escoamento através da personalização do UDF é uma capacidade crucial que permite que o DFM seja efetivamente aplicado a estes sistemas complexos, expandindo grandemente o alcance e a utilidade da abordagem DFM para além das suas aplicações iniciais em geometrias de tubos simples.

2.2. Parâmetros geométricos

O gerador de vapor do VVER-1000 é do tipo horizontal de tubos escalonados e é utilizado como dissipador de calor no circuito primário. Os diagramas esquemáticos do gerador de vapor horizontal são apresentados na Fig. 2.

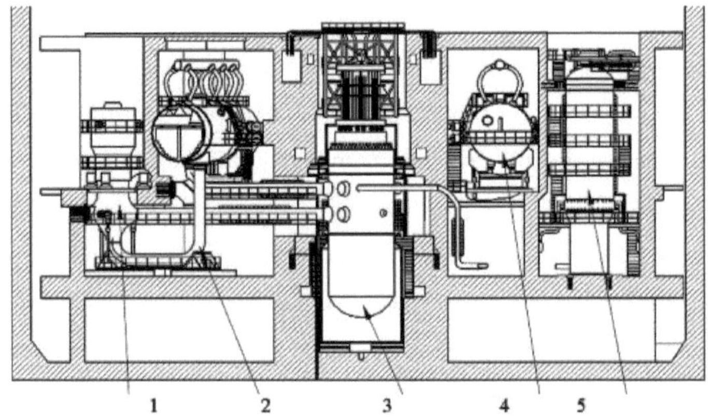

Fig. 2: Esquema do lado primário da central nuclear VVER-1000: 1-bomba de circulação principal, 2-canalização do circuito primário, 3-cuba do reator, 4-gerador de vapor, 5-pressurizador [12].

Num gerador de vapor PWR, a água quente do circuito primário de refrigeração transfere calor para o circuito secundário, onde a água é transformada em vapor. Este vapor é então enviado para a turbina para gerar energia mecânica e, em última análise, eletricidade. Existem dois tipos principais de geradores de vapor PWR: a conceção vertical utilizada nos reactores ocidentais e a conceção horizontal utilizada nas centrais do tipo VVER. O gerador de vapor horizontal VVER-1000, como ilustrado nas Figs. 3 e 4, apresenta um recipiente cilíndrico horizontal contendo uma piscina de água, com os tubos de transferência de calor também orientados horizontalmente.

O aspeto chave da configuração horizontal é que o fluxo de duas fases entre os tubos de transferência de calor é principalmente dirigido para cima. Neste padrão de fluxo, o vapor sobe mais rapidamente do que a água circundante, criando uma mistura com velocidades diferentes para as duas fases. Esta separação das fases de vapor e água é uma caraterística que define o fluxo em geradores de vapor horizontais. A disposição horizontal dos tubos e a dinâmica complexa do escoamento bifásico no interior do gerador de vapor colocam desafios únicos à modelação e análise, em comparação com os geradores de vapor verticais. A contabilização correta dos padrões de escoamento, da separação de fases e dos processos de transferência de calor é crucial para prever com precisão o desempenho e o comportamento dos geradores de vapor horizontais utilizados nas centrais PWR do tipo VVER.

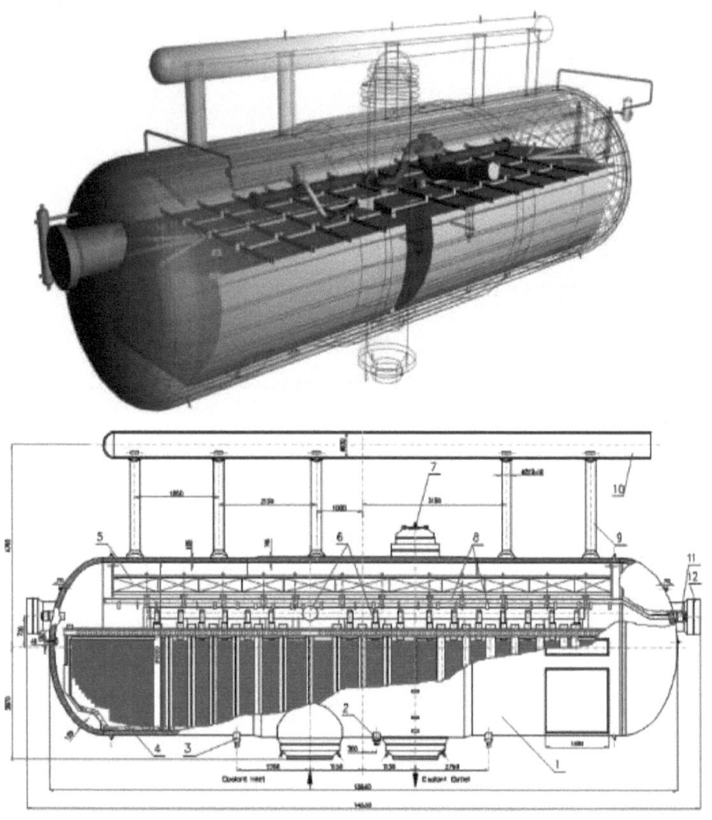

Fig. 3: Vista horizontal do gerador de vapor VVER-1000: 1-Cuba, 2-Bocal de drenagem, 3-Bocal de descida, 4-Tubos de permuta de calor, 5-Unidades de separação, 6-Unidade de pulverização de água de alimentação principal, 7-Bocal de remoção de gás, 8-Unidade de pulverização de água de alimentação de emergência, 9-Bocal de vapor, 10-Cabeçalho de vapor, 11-Bocal de água de alimentação de emergência, 12-Câmara de ar de acesso [12]

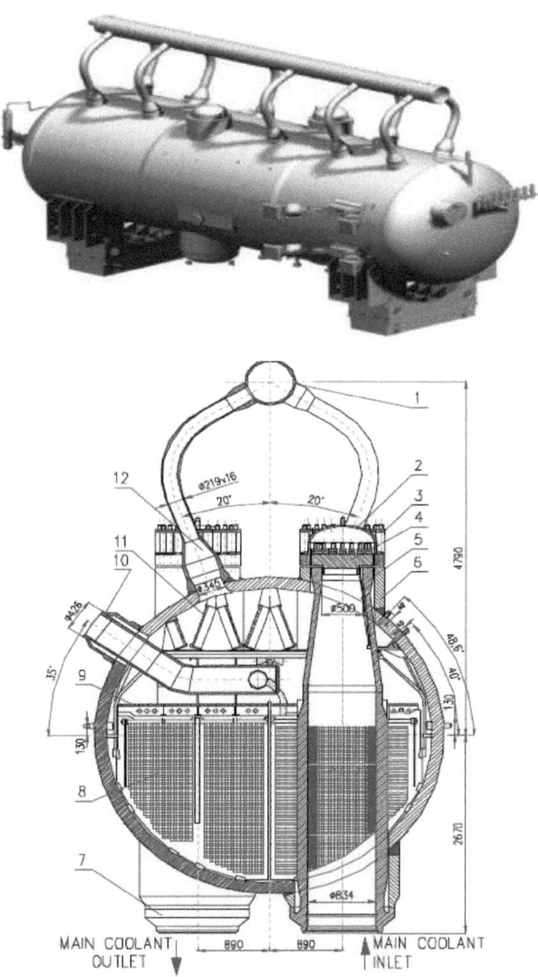

Fig. 4: Vista em corte transversal do gerador de vapor horizontal: 1-Cabeçalho de vapor, 2-Tampa do cabeçalho do circuito secundário (SC), 3-Porcas, 4-Tampa do cabeçalho do circuito primário (PC), 5-Cabeçalho SC, 6-Cabeçalho PC, 7-Bocal do CCM, 8-Tubo de permuta de calor, 9-Equalização da pressão de vapor, 10-Bocal de água de alimentação, 11-Unidades de separação, 12-Bocal de vapor [12]

2.3. Modelação do gerador de vapor VVER-1000

O gerador de vapor horizontal é um recipiente cilíndrico de alta pressão, com 13,84 m de comprimento e um diâmetro interior de 4 m. O Quadro 1 e o Quadro 2 contêm algumas informações caraterísticas do gerador de vapor horizontal.

Quadro 1

Descrição da geometria do gerador de vapor VVER-1000 [30]

Descrição	Valor
Número de tubos de transferência de calor	11000
Comprimento médio dos tubos (m)	11.1
SG diâmetro interior (m)	4
SG diâmetro exterior (m)	4.29
Nível superior da tubagem (m)	2.19
Distância entre eixos de linhas (mm)	19
Distância entre os eixos dos tubos numa fila (mm)	23
Tubo de transferência de calor OD (mm)	16
ID do tubo de transferência de calor (mm)	13

Quadro 2

Principais dados de projeto do gerador de vapor VVER-1000 [30]

Item	Valor
Potência térmica (MW)	753
Pressão de funcionamento do lado primário (Mpa)	15.7
Pressão de funcionamento do lado secundário (Mpa)	6.3
Temperatura da água de alimentação (°C)	210
Temperatura do líquido de refrigeração de entrada (°C)	320
Temperatura do líquido de arrefecimento à saída(°C)	290
Velocidade média do fluido de arrefecimento no tubo ($\frac{m}{s}$)	4.2
Capacidade de vapor($\frac{kg}{s}$)	408

O calor gerado no núcleo do reator pelas reacções de cisão é removido pelo refrigerante primário. Este refrigerante quente e de alta pressão é transportado através da "perna quente" do circuito primário para o gerador de vapor.

No gerador de vapor, o refrigerante primário quente transfere o seu calor para o circuito secundário, onde gera vapor que é depois enviado para a turbina. Depois de passar pelo gerador de vapor, o refrigerante primário mais frio é devolvido à cuba do reator através da "perna fria" do circuito primário. Esta circulação em circuito fechado do refrigerante primário é uma caraterística fundamental da conceção dos PWR, em que o calor do núcleo do reator é eficientemente transportado para o gerador de vapor e depois reciclado de volta para o núcleo. A diferença de temperatura entre a parte quente e a parte fria do circuito primário é uma medida da transferência de calor e da conversão de energia que ocorre no gerador de vapor. Os circuitos de arrefecimento primário e secundário num PWR estão termodinamicamente acoplados, com o gerador de vapor a atuar como a interface crítica entre eles. Compreender e modelar com exatidão a transferência de calor e a dinâmica dos fluidos neste componente é essencial para prever o desempenho global e a segurança da central nuclear. A ilustração da Fig. 5 ajuda a visualizar este aspeto fundamental do sistema PWR, onde as pernas quente e fria do circuito primário estão ligadas ao gerador de vapor. Esta perspetiva holística é importante quando se analisam os complexos fenómenos termo-hidráulicos que ocorrem nos vários componentes de uma central PWR.

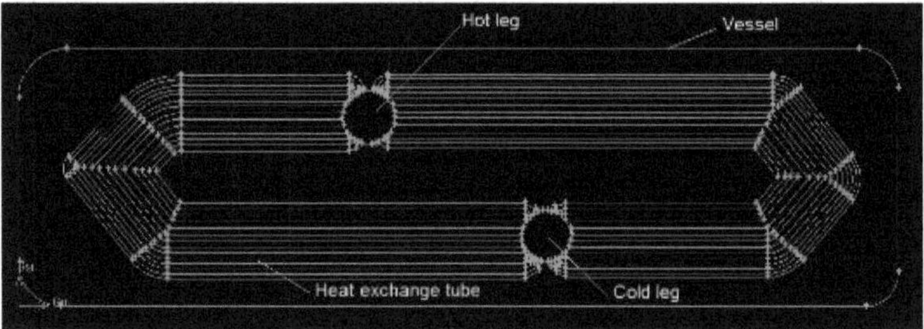

Fig. 5: Esquema do gerador de vapor horizontal em vista x-y

A decisão de usar tubos lineares em vez de tubos em U no modelo simplifica a geometria, particularmente na vista x-z. Isto permite que as pernas quentes e frias do circuito primário de refrigeração sejam representadas mais claramente em ambos os lados do vaso gerador de vapor.

A inclusão de uma chapa perfurada montada no topo do feixe tubular é uma caraterística importante do projeto, destacada na Fig. 6. Esta chapa perfurada serve para igualar a distribuição do fluxo de vapor à medida que a mistura de duas fases sobe entre os tubos horizontais de transferência de calor. Em geometrias complexas como a do gerador de vapor, assegurar um fluxo uniforme e a transferência de calor através do feixe tubular é crucial para um desempenho ótimo. A chapa perfurada ajuda a mitigar qualquer má distribuição ou canalização da mistura vapor-água, conduzindo a um padrão de fluxo mais homogéneo e à extração de calor do refrigerante primário. É importante captar este nível de detalhe no projeto do gerador de vapor na modelação e simulação, uma vez que pode ter um impacto significativo no comportamento termo-hidráulico global e nas previsões de desempenho. Ao representar com precisão as principais caraterísticas geométricas, como a disposição linear dos tubos e a folha perfurada de distribuição do fluxo, o modelo pode fornecer resultados mais fiáveis e representativos.

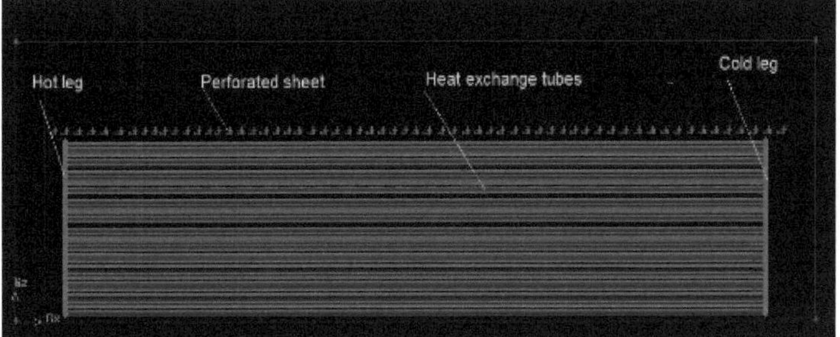

Fig. 6: Esquema do gerador de vapor horizontal em vista x-z

A descrição das etapas de modelação do gerador de vapor horizontal VVER-1000 realça o nível de complexidade e a atenção ao pormenor necessários para simular com precisão o comportamento termo-hidráulico deste componente crítico da central nuclear.

Inicialmente, o fluxo de fluido no sistema é resumido - o líquido de arrefecimento é aquecido no núcleo do reator, flui através dos tubos do percurso quente para o gerador de vapor e, em seguida, a água arrefecida regressa à cuba do reator através do percurso frio.

Subsequentemente, são elaboradas as caraterísticas específicas do projeto do gerador de vapor. Uma chapa perfurada é montada acima do feixe tubular para ajudar a equalizar a distribuição do fluxo de vapor à medida que a mistura de duas fases sobe entre os tubos horizontais de transferência de calor. Assegurar um fluxo uniforme e a transferência de calor através do feixe tubular é crucial para um desempenho ótimo do gerador de vapor.

Para além disso, a geometria complexa do gerador de vapor foi modelada utilizando o software CATIA CAD e, em seguida, importada para o GAMBIT para a geração da malha e configuração das condições de fronteira, antes de ser exportada para o código FLUENT CFD. A malha computacional final consistiu em cerca de 1,1 milhões de células, como se pode ver no exemplo do gráfico de qualidade da malha em torno da região da perna quente (Fig. 7).

Estas escolhas e técnicas de modelação realçam a abordagem rigorosa e pormenorizada necessária para simular com precisão o comportamento termo-hidráulico deste componente crítico. Tirando partido de ferramentas especializadas de CAD e de geração de malhas, e aplicando uma grelha computacional suficientemente fina, a simulação pode fornecer informações valiosas sobre o desempenho do gerador de vapor horizontal VVER-1000.

A combinação da complexidade geométrica, do escoamento bifásico e dos fenómenos de transferência de calor torna esta tarefa de modelização um desafio, e a abordagem aqui demonstrada mostra uma estratégia abrangente para enfrentar estes desafios.

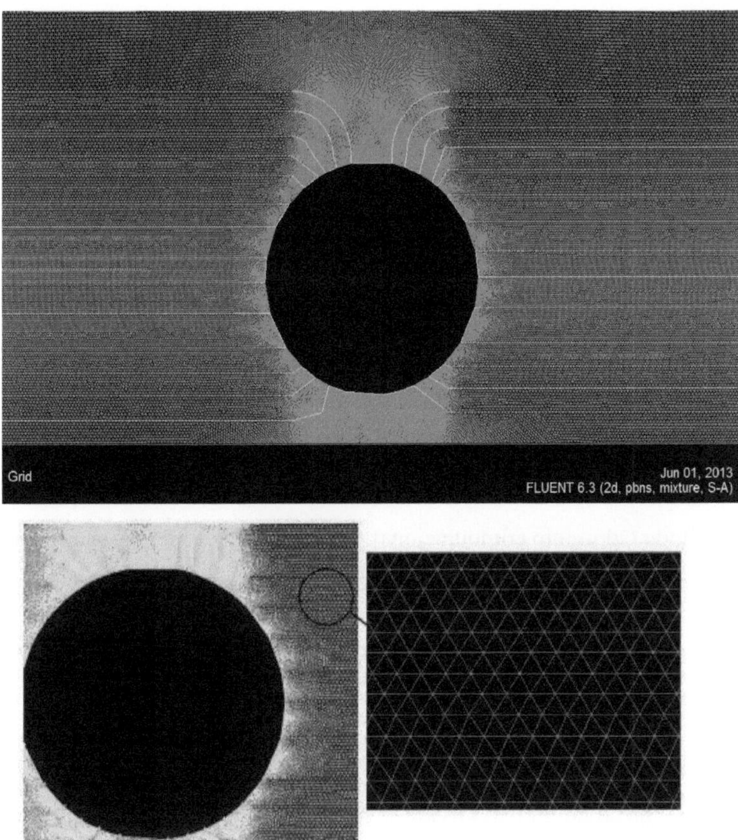

Fig. 7: A qualidade da malha à volta da perna quente no Fluent

3. Método de solução

Para resolver as equações determinantes, o domínio computacional onde o escoamento será analisado é primeiro dividido num grande número de elementos geométricos designados por células da grelha ou volumes de controlo. Este processo é conhecido como geração da grelha ou malha. De seguida, as equações determinantes são discretizadas utilizando um método numérico apropriado. Este processo envolve a aproximação dos gradientes e fluxos que aparecem nas equações determinantes contínuas utilizando técnicas padrão que são adequadas para o problema em causa. As equações discretizadas são então resolvidas iterativamente para obter os valores das variáveis de fluxo desconhecidas (como velocidade, pressão, temperatura, etc.) em todo o domínio computacional. Normalmente, isto é feito utilizando algoritmos de solução numérica, como o Método dos Volumes Finitos ou o Método dos Elementos Finitos, que convertem as equações diferenciais num sistema de equações algébricas que podem ser resolvidas utilizando técnicas iterativas [31].

As principais etapas deste processo são:

- Geração de grelha: Dividir o domínio computacional numa grelha discreta ou malha de volumes de controlo.

- Discretização: Aproximação dos gradientes e fluxos nas equações governantes usando esquemas numéricos.

- Equações algébricas: Converter as equações discretizadas num sistema de equações algébricas.

- Solução iterativa: Resolver o sistema de equações algébricas usando um método iterativo para obter os valores das variáveis de fluxo.

Esta abordagem estruturada permite a simulação numérica de problemas complexos de escoamento de fluidos e transferência de calor, fornecendo informações valiosas que complementam as investigações experimentais e os modelos analíticos.

3.1 Método do volume finito

O método dos volumes finitos é uma técnica que utiliza diretamente as equações de conservação. No método dos volumes finitos, a discretização das equações é conseguida dividindo o domínio da solução num número específico de volumes de controlo. A precisão da discretização espacial depende do método utilizado para calcular o fluxo através das superfícies dos volumes de controlo [32].

A principal vantagem do método dos volumes finitos é que a discretização espacial é efectuada diretamente no espaço físico. Por conseguinte, não há problemas com as transformações do sistema de coordenadas (como acontece com o método das diferenças finitas). Em geometrias complexas em que o método das diferenças finitas não é aplicável, o método dos volumes finitos pode ser facilmente utilizado. Outra vantagem é que o comportamento não físico presente no método das diferenças finitas é evitado nesta abordagem. Adicionalmente, no método dos volumes finitos, é possível a utilização de malhas não estruturadas, para além das malhas estruturadas.

Uma vez que as equações de conservação são diretamente discretizadas no método dos volumes finitos, a conservação de quantidades como a massa, o momento e a energia é satisfeita diretamente. Esta propriedade introduz uma outra caraterística importante do método dos volumes finitos - a solução exacta e única das equações determinantes. No entanto, para resolver as equações de Euler, a condição de entropia também deve ser considerada [33].

O ponto interessante sobre o método dos volumes finitos é que este método é equivalente ao método das diferenças finitas ou ao método dos elementos finitos de ordem inferior em alguns casos. Este método é muito popular devido às suas caraterísticas desejáveis, e a maioria dos problemas de escoamento são analisados utilizando esta abordagem. Por conseguinte, este método também será utilizado para resolver o problema da separação de isótopos utilizando uma centrífuga de gás.

Os manuais de introdução à transferência de calor derivam geralmente as equações discretas utilizando o método das diferenças finitas com a ajuda de séries de Taylor, mostrando depois que as equações resultantes satisfazem a lei da conservação do calor num pequeno volume de controlo em torno de um nó. A ideia subjacente ao método dos volumes finitos é muito simples e presta-se diretamente a uma interpretação física. Neste método, o domínio da solução é dividido num grande número de volumes de controlo não sobrepostos, de modo a que haja apenas um volume de controlo em torno de cada nó. A equação diferencial é integrada em cada volume de controlo. Serão utilizados perfis parciais para a variação da variável ϕ entre pontos computacionais para avaliar os integrais necessários. As equações discretizadas resultantes satisfazem as equações de conservação para ϕ dentro do pequeno volume de controlo, tal como as equações diferenciais as satisfaziam para um volume de controlo infinitesimal.

A caraterística mais atractiva do método dos volumes de controlo é que a solução obtida satisfaz completamente a conservação da massa, do momento e da energia em cada volume de controlo individual e, consequentemente, em todo o domínio da solução. Esta caraterística garante que mesmo uma grelha grosseira satisfará completamente as equações de conservação.

3.2. CFD

A CFD é uma poderosa técnica de simulação numérica utilizada para analisar o comportamento de fluidos, gases e outros fenómenos de transporte. Envolve a utilização de métodos computacionais para resolver as equações que regem a mecânica dos fluidos, tais como as equações de Navier-Stokes, que descrevem o movimento e a interação dos fluidos [34, 35].

O FLUENT é um pacote de software comercial de CFD amplamente utilizado, desenvolvido pela ANSYS, Inc. É uma ferramenta abrangente que permite aos utilizadores modelar uma vasta gama de problemas de escoamento de fluidos, incluindo escoamentos incompressíveis e compressíveis, transferência de calor, combustão e escoamentos multifásicos, entre outros. O FLUENT fornece uma interface de fácil utilização e um conjunto robusto de algoritmos e modelos numéricos para simular fenómenos complexos de dinâmica de fluidos.

O fluxo de trabalho típico na utilização do FLUENT para análise CFD envolve os seguintes passos:

- Geometria e geração de malha: O primeiro passo é criar um modelo 3D do domínio físico de interesse e gerar uma malha computacional, que discretiza o domínio em elementos ou células mais pequenos.

- Pré-processamento: Nesta fase, o utilizador define as propriedades físicas do fluido, estabelece as condições de fronteira apropriadas e especifica os parâmetros numéricos para a simulação, tais como o modelo de turbulência, esquemas de discretização e critérios de convergência.

- Execução do Solver: O solucionador CFD no FLUENT é então utilizado para resolver numericamente as equações que regem o escoamento de fluidos, a transferência de calor e outros fenómenos de transporte no domínio computacional.

- Pós-processamento: Os resultados da simulação, tais como velocidade, pressão, temperatura e outros parâmetros relevantes, são então analisados e visualizados utilizando as extensas capacidades de pós-processamento do FLUENT.

O FLUENT é amplamente utilizado numa variedade de áreas de engenharia, incluindo as indústrias aeroespacial, automóvel, energética e de processos, para estudar e otimizar o desempenho de vários sistemas e dispositivos que envolvem a dinâmica dos fluidos, a transferência de calor e outros fenómenos de transporte.

No FLUENT, as Funções Definidas pelo Utilizador (UDFs) são uma caraterística poderosa que permite aos utilizadores alargar as capacidades do software para além dos modelos e funcionalidades incorporados. As UDFs são escritas na linguagem de programação C e podem ser utilizadas para:

- Personalizar modelos físicos e condições de limite: Os UDFs podem ser usados para implementar modelos matemáticos personalizados, termos de origem ou condições de limite que não estão disponíveis nativamente no FLUENT. Isto é particularmente útil para simular fenómenos físicos complexos ou especializados.

- Modificar variáveis e propriedades da solução: Os UDFs podem ser usados para acessar e modificar variáveis de solução, como velocidade, pressão, temperatura e outras propriedades, durante o curso da simulação. Isso pode ser útil para implementar pós-processamento personalizado ou análise de dados in-situ.

- Melhorar a interface e o controlo do utilizador: Os UDFs podem ser utilizados para criar elementos personalizados da interface gráfica do utilizador (GUI), tais como painéis ou menus, para proporcionar um melhor controlo e interação com a simulação FLUENT.

- Automatize e simplifique fluxos de trabalho: Os UDFs podem ser usados para automatizar tarefas repetitivas, como modificações de geometria, geração de malha ou pós-processamento, para melhorar a eficiência do processo geral de simulação.

O processo de implementação de um UDF no FLUENT envolve normalmente os seguintes passos:

- Escrever o código UDF em C, seguindo a sintaxe específica e as diretrizes de programação fornecidas pelo FLUENT.

- Compilação do código UDF em uma biblioteca dinâmica (por exemplo, arquivo .dll ou .so) usando um compilador C compatível.

- Ligação da biblioteca dinâmica UDF ao solver FLUENT durante a configuração da simulação.

- Ativar e configurar o UDF na interface de utilizador do FLUENT ou através de ficheiros de diário.

A utilização de UDFs no FLUENT permite um elevado grau de personalização e flexibilidade nas simulações CFD, permitindo aos investigadores e engenheiros resolver problemas complexos e especializados de dinâmica de fluidos que podem não ser prontamente abordados pelos modelos e funcionalidades incorporados no FLUENT.

No popular software de Dinâmica dos Fluidos Computacional (CFD), FLUENT e openFoam [15, 16, 17, 18], o fenómeno do escoamento bifásico pode ser modelado utilizando três abordagens principais: o modelo de volume de fluido (VOF), o modelo de mistura e o modelo de Euler. O modelo de mistura, em particular, trata as fases como contínuos interpenetrantes e resolve a equação do momento da mistura. Também prescreve a velocidade relativa entre as fases dispersas para descrever a sua interação e movimento. No livro discutido, os autores implementaram o modelo drift-flux para o lado secundário do gerador de vapor horizontal numa central nuclear VVER-1000, utilizando a abordagem do modelo de mistura no código FLUENT 6.3.26. O modelo drift-flux é um método bem estabelecido para modelar fenómenos de escoamento bifásico, uma vez que proporciona uma forma prática e eficaz de captar as interações complexas entre as fases líquida e vapor. Para garantir a precisão e a estabilidade das soluções numéricas, os autores desenvolveram também Funções Definidas pelo Utilizador (UDFs) personalizadas na linguagem de programação C e integraram-nas no código FLUENT. Estas UDFs permitem a incorporação de parâmetros de modelação específicos e correlações que são adaptadas à aplicação do gerador de vapor horizontal, melhorando ainda mais as capacidades de previsão da simulação. A utilização do modelo drift-flux, implementado no código FLUENT CFD e complementado pelos UDFs personalizados, permite uma representação mais precisa e fiável do comportamento do escoamento bifásico no gerador de vapor horizontal da central nuclear VVER-1000. Isto, por sua vez, melhora a compreensão dos complexos processos termo-hidráulicos que ocorrem neste componente crítico, contribuindo, em última análise, para a segurança, eficiência e fiabilidade globais da instalação de produção de energia nuclear.

4. Resultados e discussão

4.1. Temperatura

No lado primário do gerador de vapor, a distribuição de temperatura mostra claramente os gradientes térmicos em torno das regiões do percurso quente e frio. medida que o fluido de arrefecimento quente flui do núcleo do reator para o gerador de vapor, através do percurso quente, observa-se um perfil de temperatura distinto. O fluido de arrefecimento quente entra no gerador de vapor e transfere calor para o lado secundário, resultando numa redução da temperatura do fluido de arrefecimento primário à medida que este viaja através do percurso frio de volta à cuba do reator.

Ao examinar a distribuição da temperatura do lado secundário dentro do gerador de vapor, observou-se que a temperatura da água de alimentação varia significativamente da base para o topo do feixe tubular. Especificamente, a água de alimentação entra a uma temperatura mais baixa perto do fundo dos tubos e aumenta gradualmente de temperatura à medida que absorve calor enquanto flui para cima através do feixe tubular.

Esta variação de temperatura é uma consequência direta do processo de transferência de calor que ocorre entre os fluidos primário e secundário no interior do gerador de vapor. À medida que o fluido de arrefecimento primário flui através do feixe tubular, transfere uma quantidade significativa de energia térmica para a água de alimentação do lado secundário. Este processo de transferência de calor é mais pronunciado nas secções inferiores do feixe tubular, onde a diferença de temperatura entre os fluidos primário e secundário é maior.

À medida que a água de alimentação flui para cima, absorve progressivamente mais energia térmica do refrigerante primário, resultando num aumento gradual da temperatura da água de alimentação do lado secundário. Esta distribuição de temperatura é uma parte integrante do comportamento termo-hidráulico global do gerador de vapor e tem implicações importantes para a eficiência e segurança da central nuclear. Esses mapas detalhados de temperatura fornecem informações valiosas sobre o desempenho termo-hidráulico do gerador de vapor horizontal VVER-1000. A capacidade de visualizar os perfis de temperatura em vários planos permite aos investigadores e projectistas verificar se o modelo computacional capta com precisão os complexos fenómenos de transferência de calor neste componente crítico da central nuclear.

A previsão exacta das distribuições de temperatura é crucial para avaliar a eficiência global e a integridade estrutural do gerador de vapor. Pontos quentes ou gradientes térmicos localizados podem potencialmente levar à degradação do material ou ao desgaste acelerado, que devem ser identificados e mitigados através do processo de projeto.

Os resultados abrangentes da distribuição da temperatura são apresentados nas Figs. 8 a 12 e demonstram o nível de fidelidade e a atenção aos pormenores inerentes à abordagem de modelação computacional. Esta análise exaustiva contribui para uma compreensão mais profunda do comportamento termo-hidráulico no gerador de vapor horizontal VVER-1000, permitindo decisões de projeto mais informadas e, em última análise, melhorando a segurança e o desempenho da central nuclear.

As variações de temperatura no gerador de vapor vão de 480 a 590 K, sendo a temperatura da água de alimentação de entrada de 480 K e a do refrigerante do reator, que entra no lado quente do gerador de vapor, de 590 K. Como se observa, a temperatura do vapor diminui à medida que nos afastamos do lado quente em direção ao lado frio, uma vez que o fluxo de calor é maior no lado quente do que no lado frio.

As Figs. 8 e 10 mostram a distribuição de temperatura no plano x-y, enquanto as Figs. 9 e 11 mostram a distribuição de temperatura no plano x-z, durante as fases iniciais do processo de solução. O objetivo desta secção é demonstrar a abordagem da solução passo a passo. Para investigar a validade do modelo da força de empuxo e calcular os valores da fração de vazio, o problema é resolvido em estado estacionário. Isto é feito para garantir a precisão do modelo numérico na captura do comportamento do fluxo bifásico dentro do gerador de vapor horizontal VVER-1000.

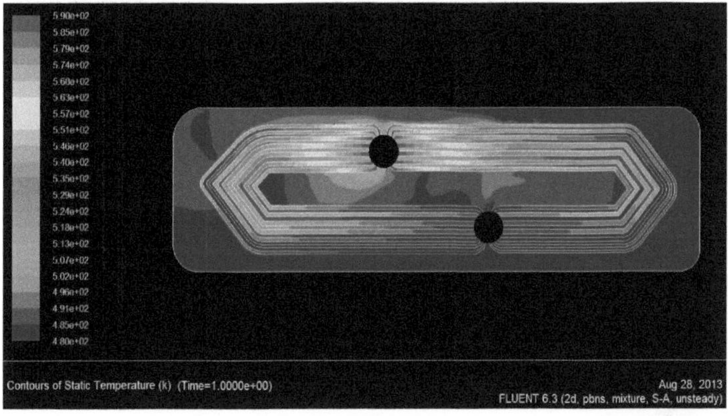

Fig. 8: Distribuição da temperatura na vista x-y no primeiro passo

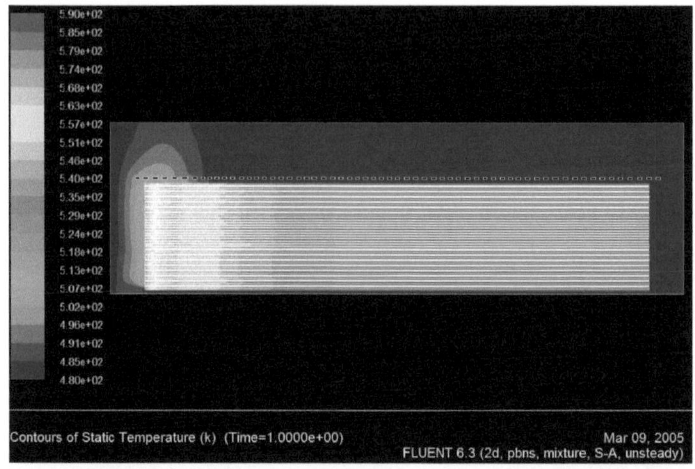

Fig. 9: Distribuição da temperatura na vista x-z no primeiro passo

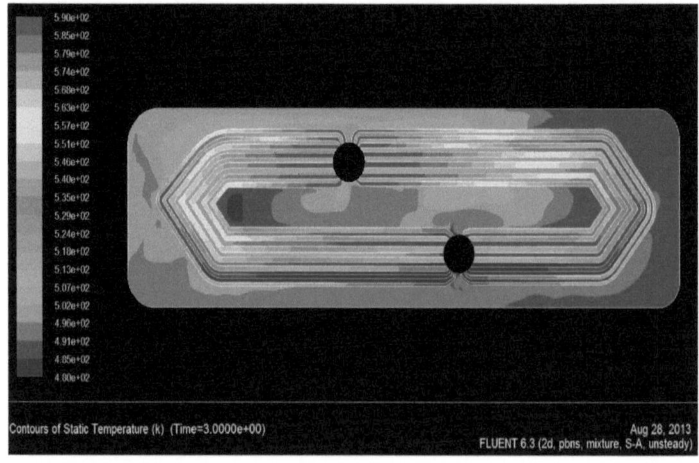

Fig. 10: Distribuição da temperatura na vista x-y no segundo passo

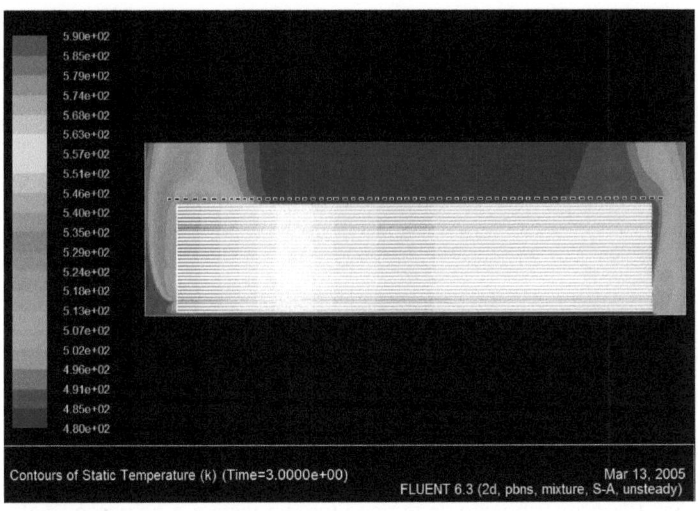

Fig. 11: Distribuição da temperatura na vista x-z no segundo passo

A distribuição da temperatura no plano x-z é mostrada na Fig. 11. Como se pode observar, a água de alimentação que entra a uma temperatura de 480 K mistura-se com a água em ebulição a uma temperatura de 550 K. Através da mistura da água de alimentação com a água em ebulição, a temperatura da água de alimentação atinge a temperatura de saturação.

Este processo de mistura é um aspeto importante do funcionamento do gerador de vapor, pois permite que a água de alimentação absorva a energia térmica do refrigerante primário, resultando na geração de vapor de alta pressão. A diminuição gradual da temperatura do lado quente para o lado frio do gerador de vapor é uma consequência direta deste processo de transferência de calor, em que o calor é continuamente extraído do refrigerante primário e transferido para o lado secundário.

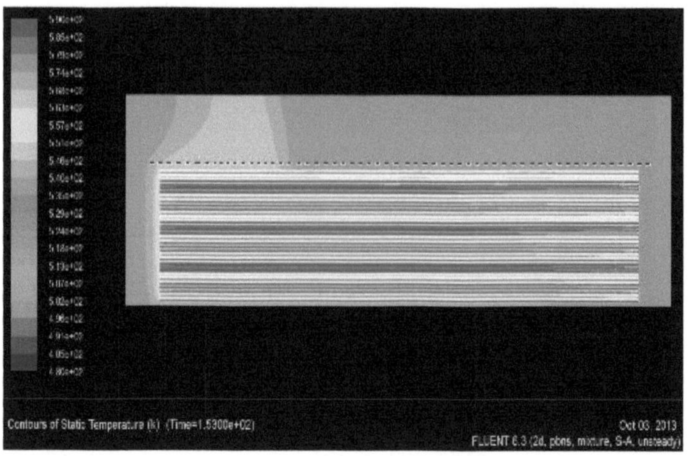

Fig. 12: A distribuição da temperatura na vista x-z no passo final

4.1. Validação

A descrição apresentada sublinha a importância da investigação experimental [28] e o papel das localizações dos sensores apresentados na figura 10 para validar os modelos de dinâmica dos fluidos computacional (CFD) do gerador de vapor horizontal VVER-1000. De acordo com as informações, o diagrama esquemático da Figura 10 ilustra as localizações de vários sensores de medição no interior da caixa do gerador de vapor. Estes sensores foram utilizados para medir a fração de vazio e a velocidade volumétrica da mistura de fluidos bifásicos durante a investigação experimental.

As localizações específicas dos sensores são indicadas como $\varphi_{(1,2,3,4,6,8,10,12,13,14)}$ no diagrama. A colocação destes sensores ao longo do volume do gerador de vapor permite uma caraterização detalhada do comportamento do fluxo multifásico dentro deste componente complexo. A medição da fração de vazio, que representa o conteúdo volumétrico de gás na mistura bifásica, e a velocidade do volume fornecem dados críticos para validar os modelos de dinâmica de fluidos computacional (CFD) do gerador de vapor. Estas medições experimentais servem como referências importantes para garantir a precisão e a fiabilidade das simulações numéricas.

Ao incorporar as localizações dos sensores ilustradas na Fig. 13, os investigadores conseguiram obter um conjunto de dados abrangente que descreve as caraterísticas detalhadas do fluxo e da distribuição de fases no gerador de vapor. Estes dados experimentais, combinados com os resultados da modelação computacional apresentados anteriormente, permitem uma investigação e compreensão exaustivas dos complexos fenómenos termo-hidráulicos que ocorrem no gerador de vapor horizontal do VVER-1000. A integração das abordagens experimental e numérica reforça a análise global e fornece uma base mais sólida para otimizar o projeto e o desempenho deste componente crítico da central nuclear. O diagrama esquemático da Fig. 13 delineia claramente a estratégia de colocação dos sensores, facilitando a interpretação e a integração dos dados medidos com os resultados da modelação computacional.

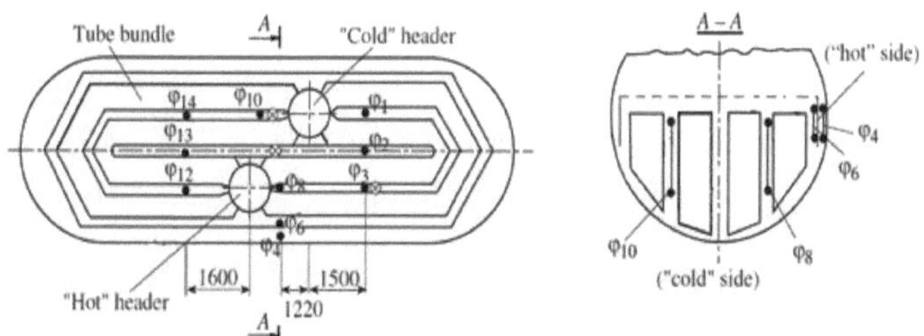

Fig. 13: Localização dos sensores utilizados para medir a fração de vazio [40]

A comparação dos resultados da fração de vazio apresentados na Tabela 3 é uma etapa de validação importante para o modelo computacional FLUENT do gerador de vapor horizontal VVER-1000.

Como referido, a tabela compara os valores da fração de vazio calculados utilizando o código FLUENT no presente estudo com os dados experimentais e os resultados do código BAGIRA apresentados por Kroshilin et al. [40]. A principal observação é que existe uma concordância muito estreita entre os valores da fração de vazio obtidos a partir da presente simulação FLUENT e os dados experimentais medidos. Esta estreita concordância entre os resultados computacionais e experimentais é uma descoberta significativa, pois demonstra a capacidade do código FLUENT de captar com precisão o comportamento do escoamento bifásico no gerador de vapor horizontal VVER-1000. A previsão exacta da fração de vazio, que é um parâmetro crítico para caraterizar o escoamento multifásico, é essencial para garantir a fiabilidade e a fidelidade da abordagem de modelação numérica. Ao validar o modelo FLUENT com as medições experimentais, os investigadores estabeleceram confiança nos resultados computacionais e na sua capacidade de fornecer informações valiosas sobre os complexos fenómenos termo-hidráulicos que ocorrem no gerador de vapor. Esta etapa de validação é crucial para garantir que as simulações numéricas podem ser utilizadas para otimizar a conceção e o desempenho deste componente crítico da central nuclear. A estreita concordância entre os valores computacionais e experimentais da fração de vazio realça a robustez da metodologia de modelação utilizada neste estudo, que combina CAD avançado, geração de malhas e técnicas CFD para criar uma representação de alta fidelidade do gerador de vapor horizontal VVER-1000.

Quadro 3

Comparação de dados numéricos e experimentais [40]

Fração de vazio	Dados medidos	Código BAGIRA	Simulação atual
φ_1	0.30	0.27	0.29
φ_2	0.43	0.43	0.44
φ_3	0.45	0.46	0.48
φ_4	0.76	0.53	0.71
φ_6	0.70	0.78	0.68
φ_8	0.55	0.60	0.61
φ_{10}	0.45	0.41	0.56
φ_{12}	0.55	0.59	0.53
φ_{13}	0.50	0.56	0.48
φ_{14}	0.52	0.44	0.46

Com base nas observações apresentadas nas Figs. 14 e 15:

A fração de vazios, que representa o conteúdo volumétrico de gás na mistura de fluidos bifásicos, aumenta com a elevação no gerador de vapor horizontal VVER-1000. Além disso, a fração de vazio é mais elevada perto da região da perna quente em comparação com a região da perna fria. A altura máxima considerada para esta análise é de 2,25 m, que é a região entre o tubo superior e a chapa perfurada.

Os resultados da simulação apresentados nestas figuras são também comparados com dados disponíveis de outras fontes, incluindo o trabalho de Zarifi et al. [12], Rouhanifard et al. [41], e os dados experimentais registados por Kroshilin et al. [40]. Esta análise comparativa demonstra que a abordagem de modelação computacional utilizada no presente estudo é capaz de corresponder de perto às tendências e magnitudes da variação da fração de vazio observadas nos dados experimentais e nos resultados de estudos anteriores. A concordância entre os resultados da simulação e os dados disponíveis serve para validar ainda mais a precisão e a fiabilidade da estrutura de modelação computacional utilizada para investigar o comportamento do escoamento bifásico no gerador de vapor horizontal VVER-1000.

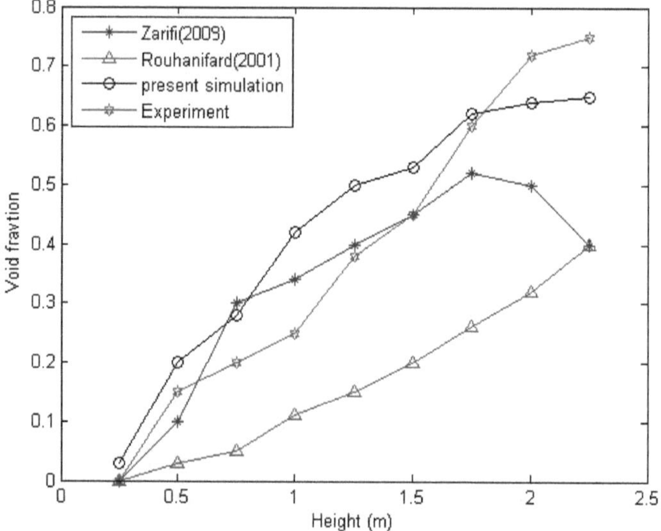

Fig. 14: Comparação da fração de vazio perto da perna quente [12, 41, 40]

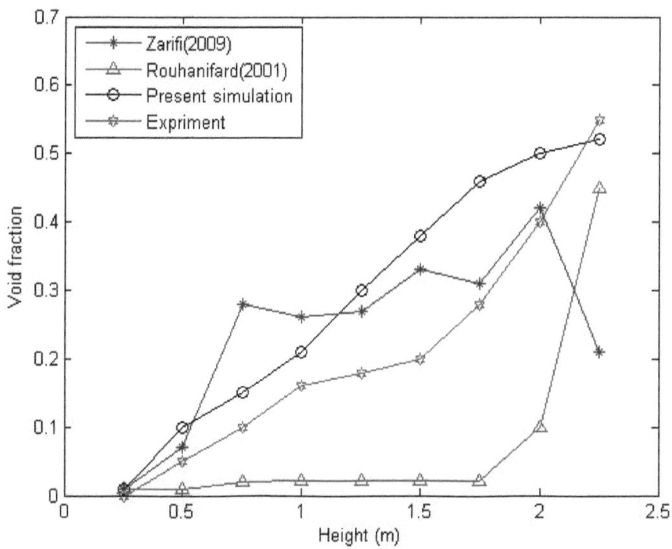

Fig. 15: Comparação da fração de vazio perto da perna fria [12, 41, 40]

4.2. Fração de vazio

A Fig. 16 mostra o gerador de vapor sem chapa perfurada. Nesta configuração, a fração de vazio dentro dos tubos é zero, uma vez que o fluido do lado primário está a alta pressão. Em contraste, a Fig. 17 mostra o gerador de vapor com uma chapa perfurada. Aqui, o valor da fração de vazio na parte superior da chapa perfurada é inferior ao da parte inferior da chapa. Esta diferença é explicada pelo efeito da injeção de água de alimentação fria, que provoca uma diminuição da fração de vazio acima da chapa perfurada. A comparação entre as Figs. 16 e 17 ilustra o efeito do toldo perfurado na distribuição da fração de vazios no interior do gerador de vapor horizontal. A presença da chapa perfurada influencia o comportamento do fluxo bifásico e o perfil da fração de vazios neste componente crítico da central nuclear. Estas observações fornecem informações valiosas sobre os complexos fenómenos termo-hidráulicos que ocorrem no gerador de vapor horizontal

VVER-1000, particularmente o papel da chapa perfurada na modificação da distribuição da fração de vazio. Esta compreensão pode informar o projeto, o funcionamento e a análise de segurança deste importante sistema da central nuclear.

Fig. 16: A fração de vazio no gerador de vapor sem chapa perfurada

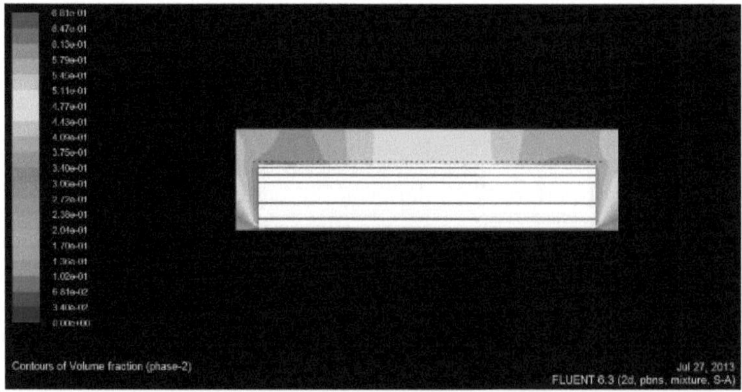

Fig. 17: A fração de vazio no gerador de vapor com chapa perfurada

A Fig. 18 mostra a variação da fração de vazio em torno da região da perna quente, enquanto a Fig. 18 mostra a variação perto da perna fria. Estas figuras demonstram que a presença da chapa perfurada ajuda a melhorar a distribuição da fração de vazio no interior do gerador de vapor. A chapa perfurada serve para equalizar a carga de vapor através do gerador de vapor. É importante notar que o efeito da chapa perfurada é mais pronunciado na região da perna quente do que na perna fria. Isto é uma consequência dos gradientes térmicos e dos padrões de fluxo de duas fases dentro do gerador de vapor.

Além disso, as figuras mostram que há uma diminuição da fração de vazios no topo da chapa perfurada. Isto é atribuído à injeção de água de alimentação fria, que provoca uma redução localizada da fração de vazio acima da chapa perfurada.

Em resumo, a análise comparativa das Figs. 18 e 19 realça o papel significativo da chapa perfurada na modulação da distribuição da fração de vazio, particularmente na região da perna quente do gerador de vapor horizontal VVER-1000. Este conhecimento pode contribuir para a otimização da conceção e funcionamento do gerador de vapor, de modo a melhorar o desempenho termo-hidráulico e a segurança.

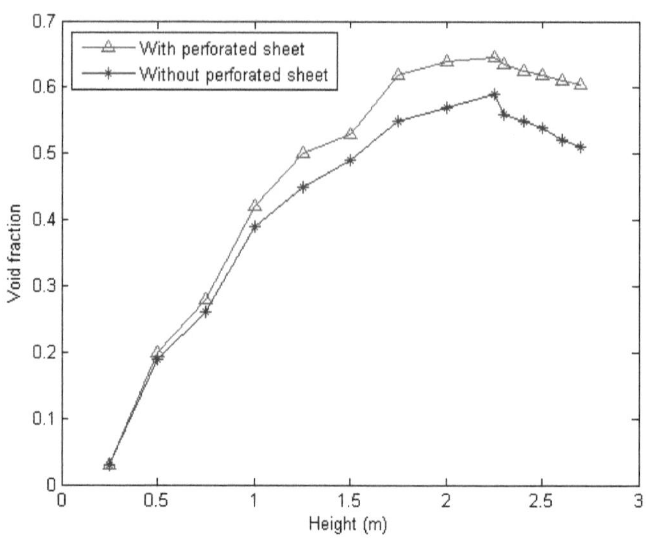

Fig. 18: O efeito da chapa perfurada na fração de vazio em torno da perna quente

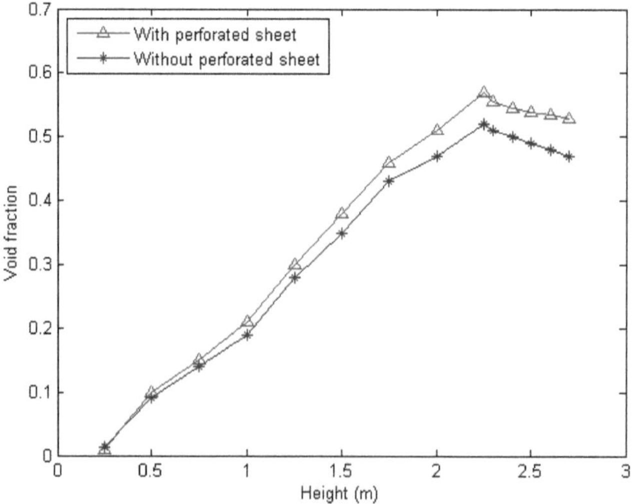

Fig. 19: O efeito da chapa perfurada na fração de vazio em torno da perna fria

5. Conclusão

A análise do comportamento do fluxo bifásico e da distribuição da fração de vazios no gerador de vapor horizontal VVER-1000 forneceu informações valiosas. A abordagem de modelação computacional utilizando o Modelo de Fluxo de Deriva (DFM) demonstrou ser uma técnica robusta e eficiente para prever a fração de vazios neste importante componente da central nuclear. Os resultados da simulação mostram que a fração de vazios aumenta com a elevação dentro do gerador de vapor, com valores mais elevados observados perto da região da perna quente em comparação com a perna fria. Esta tendência é consistente com os dados experimentais disponíveis e estudos computacionais anteriores, validando a precisão da abordagem baseada em DFM.

Uma descoberta crítica é a influência significativa da chapa perfurada na distribuição da fração de vazios. A presença da chapa perfurada modifica o perfil da fração de vazios, com uma diminuição da fração de vazios observada no topo da chapa. Este efeito é atribuído à injeção de água de alimentação fria, que provoca uma redução local do teor de vazios. A análise comparativa realça ainda mais o papel da chapa perfurada. A chapa ajuda a igualar a carga de vapor através do gerador de vapor, com um efeito mais pronunciado observado na região da perna quente em comparação com a perna fria.

As principais vantagens do DFM nesta aplicação são a sua exatidão, eficiência computacional e versatilidade no tratamento de tubagens de vários diâmetros hidráulicos, incluindo geradores de vapor nucleares. Os autores concluem que o modelo DFM será uma ferramenta valiosa para avaliar dados experimentais e apoiar o processo de licenciamento de componentes de centrais nucleares como o gerador de vapor horizontal.

Em resumo, este trabalho demonstra a eficácia do DFM na previsão do comportamento complexo do fluxo bifásico e da distribuição da fração de vazios no gerador de vapor horizontal VVER-1000, com particular ênfase no papel da chapa perfurada. Os conhecimentos adquiridos podem contribuir para a otimização da conceção e funcionamento do gerador de vapor, bem como para avaliações regulamentares, com vista a um melhor desempenho termo-hidráulico e segurança.

Nomenclature

ρ	dendity	σ	surface tension
t	time	q^T	turbulent heat flux
z	axial distance	q''_w	wall heat flux
$\bar{v}$	mean velocity	ξ_h	heated perimeter
Γ	mass source	Δh_{gf}	enthalpy difference
$\bar{v}_{gj}$	mean drift velocity of gas phase	f	friction factor
h	enthalpy	$N_{\mu f}$	viscosity number
$\bar{h}$	mean enthalpy	μ	viscosity
p	pressure		
q	conduction heat flux	**Subscripts**	
α	phase fraction or void fraction	g	gas phase
A	cross sectional area	f	liquid phase
D	diameter of pipe	m	weighted mean
D_H	hydraulic diameter	mixture property	
g	gravitational acceleration	z	z-component

Referências

[1] V. Ghazanfari, M. Talebi, J. Khorsandi e R. Abdolahi, "Thermalehydraulic modeling of water/Al2O3 nanofluid as the coolant in annular fuels for a typical VVER-1000 core," *Progress in Nuclear Energy,* vol. 87, pp. 67-73, 2016.

[2] V. Ghazanfari, M. Talebi, J. Khorsandi e R. Abdolahi, "Effects of water based Al2O3, TiO2, and CuO nanofluids as the coolant as the coolant," *Progress in Nuclear Energy,* vol. 91, pp. 285-294, 2016.

[3] A. V. Avvakumov, V. F. Strizhov, P. N. Vabishchevich e A. O. Vasilev, "State change modal method for numerical simulation of dynamic processes in a nuclear reator", *Progress in Nuclear Energy,* vol. 106, pp. 240-261, 2018.

[4] R. Zhang, L. Qiu, P. Sun e X. Wei, "Research on nuclear reator power control system of VVER-1000 with thermal energy supply system," *Energy,* vol. 294, p. 130813, 2024.

[5] A. Tentner, E. Merzari e P. Vegendla, "Computational Fluid Dynamics Modeling of Two-Phase Boiling Flow and Critical Heat Flux," *ICONE,* pp. 1-9, 2014.

[6] H. Sonnenburg e H. Tuomisto, Analysis of selected two-phase flow phenomena in VVER reactors with horizontal steam, França: Centre d'Etudes de Cadarache, 1992.

[7] V. Stavanovic e M. Studovic, 3D Modeling as a support to thermal hydraulic safty analysis with standard codes, Universidade de Belgrad, 1999.

[8] P. Groudev e M. Pavlova, Total Loss of Feed Water for VVER 1000, Obnisk Rússia, 2000.

[9] S. Espinoza, V. Hugo e M. Böttcher, "Investigations of the VVER-1000 coolant transient benchmark phase 1 with the coupled system code RELAP5/PARCS," *Progress in Nuclear Energy,* vol. 48, n.º 8, pp. 865-879, 2006.

[10] Y.-M. Ferng e H.-J. Chang, "CFD investigating the impacts of changing operating conditions on the thermal-hydraulic characteristics in a steam generator," *Applied Thermal Engineering,* vol. 28, no. 5, pp. 414-422, 2008.

[11] M. Nematollahi e A. Zare, "A simulation of a steam generator tube rupture in a VVER-1000 plant," *Energy Conversion and Management,* vol. 49, no. 7, pp. 1972-1980, 2008.

[12] E. Zarifi, G. Jahanfarnia, S. Mousavian e F. D'Auria, "Semi 2D modeling of the horizontal steam generator PGV-1000 using the RELAP5 code," *Progress in Nuclear Energy,* vol. 51, no. 8, pp. 788-798, 2009.

[13] T. Paettikangas, J. Niemi, V. Hovi, T. Toppila e T. Raemae, "Three-dimensional porous media model of a horizontal steam generator," in *Nuclear Energy Agency of the OECD (NEA),* Finlândia, 2012.

[14] I. Kataoka e M. Ishii, "Drift flux model for large diameter pipe and new correlation for pool void fraction," *International Journal of Heat and Mass Transfer,* vol. 30, no. 9, pp. 1927-1939, 1987.

[15] T. Hibiki e C. Dong, "Viscosity effect on drift-flux model for upward two-phase flows," *International Journal of Heat and Mass Transfer,* vol. 228, p. 125625, 2024.

[16] M. Ishii e T. Hibiki, Thermo-fluid Dynamics of Two-Phase Flow, Springer, 2006.

[17] T. Hibiki e M. Ishii, "Distribution parameter and drift velocity of drift-flux model in bubbly flow," *International Journal of Heat and Mass Transfer,* vol. 45, no. 4, pp. 707-721, 2002.

[18] T. Hibiki e M. Ishii, "One-dimensional drift-flux model and constitutive equations for relative motion between phases in various two-phase flow regimes," *International Journal of Heat and Mass Transfer,* vol. 46, no. 25, pp. 4935-4948, 2003.

[19] T. Hibiki e N. Tsukamoto, "Drift-flux model for upward dispersed two-phase flows in a vertical rod bundle," *Applied Thermal Engineering,* vol. 226, no. 25, p. 120323, 2023.

[20] N. Zuber e J. A. Findlay, "Average Volumetric Concentration in Two-Phase Flow Systems," *ASME Journal of Heat and Mass transfer,* vol. 87, no. 4, pp. 453-468, 1965.

[21] T. Cong, W. Tian, S. Qiu e G. Su, "Study on secondary side flow of steam generator with coupled heat transfer from primary to secondary side," *Applied Thermal Engineering,* vol. 61, no. 2, pp. 519-530, 2013.

[22] K. Zhang, "The multiscale thermal-hydraulic simulation for nuclear reactors: A classification of the coupling approaches and a review of the coupled codes", *International Journal of Energy Research,* vol. 44, no. 5, pp. 3295-3315, 2020.

[23] U. J. F. Aarsnes, T. Flåtten e O. M. Aamo, "Review of two-phase flow models for control and estimation", *Annual Reviews in Control,* vol. 42, pp. 50-62, 2016.

[24] Z.-y. Wang e B.-j. Sun, "Deepwater gas kick simulation with consideration of the gas hydrate phase transition," *Journal of Hydrodynamics ,* vol. 26, pp. 94-103, 2014.

[25] S. Talebi, H. Kazeminejad e H. Davilu, "A numerical technique for analysis of transient two-phase flow in a vertical tube using the Drift Flux Model," *Nuclear Engineering and Design,* vol. 242, pp. 316-322, 2012.

[26] M. L. de Bertodano, W. Fullmer, A. Clausse e V. H. Ransom, "Drift-Flux Model," in *Two-Fluid Model Stability, Simulation and Chaos,* Cham, Springer International Publishing, 2017, pp. 163-193.

[27] T. Hibiki e M. Ishii, "Interfacial area concentration of bubbly flow systems," *Chemical Engineering Science,* vol. 57, no. 18, pp. 3967-3977, 2002.

[28] E. Wren, G. Baker, B. Azzopardi e R. Jones, "Slug flow in small diameter pipes and T-junctions," *Experimental Thermal and Fluid Science,* vol. 29, no. 8, pp. 893-899, 2005.

[29] I. N. Alves, O. Shoham e Y. Taitel, "Drift velocity of elongated bubbles in inclined pipes," *Chemical Engineering Science,* vol. 48, no. 17, pp. 3063-3070, 1993.

[30] U. Bieder, G. Fauchet, S. Bétin, N. Kolev e D. Popov, "Simulation of mixing effects in a VVER-1000 reator", *Nuclear Engineering and Design,* vol. 237, n.º 15, pp. 1718-1728, 2007.

[31] Y. Amini, V. Ghazanfari, M. Heydari, M. M. Shadman, A. G. Khamseh, M. H. Khani e A. Hassanvand, "Computational fluid dynamics simulation of two-phase flow patterns in a serpentine microfluidic device," *Scientific Reports,* vol. 13, no. 1, p. 9483, 2023.

[32] Y. Amini, M. M. Shadman, V. Ghazanfari e A. Hassanvand, "Enhancement of immiscible fluid mixing using passive micromixers to increase the performance of liquid-liquid extraction," *International Journal of Modern Physics C,* vol. 34, no. 11, p. 2350149, 2023.

[33] V. Ghazanfari e M. M. Shadman, "Numerical solution of a comprehensive form of convection-diffusion equation for binary isotopes in the gas centrifuge," *Annals of Nuclear Energy,* vol. 175, p. 109220, 2022.

[34] Y. Amini, V. Ghazanfari, A. H. Saeedi Dehaghani, M. M. Shadman e F. Mansourzadeh, "CFD Simulation of Various Two-Phase Flow Patterns in Y-Shaped Microfluidic Channels," *Journal of Chemical and Petroleum Engineering,* 2024.

[35] V. Ghazanfari, M. M. Shadman e F. Mansourzadeh, "A new approach to calculating the drag force of the scoop in the gas centrifuge", *Nuclear Engineering and Design,* vol. 409, p. 112369, 2023.

[36] V. Ghazanfari, M. Imani, M. M. Shadman, Y. Amini e F. Zahakifar, "Numerical study on the thermal performance of the shell and tube heat exchanger using twisted tubes and Al2O3 nanoparticles," *Progress in Nuclear Energy,* vol. 155, p. 104526, 2023.

[37] V. Ghazanfari, A. A. Salehi, A. R. Keshtkar, M. M. Shadman e M. H. Askari, "Numerical Simulation Using a Modified Solver within OpenFOAM for Compressible Viscous Flows", *European Journal of Computational Mechanics,* vol. 28, n.º 6, 2019.

[38] V. Ghazanfari, A. A. Salehi, A. R. Keshtkar, M. M. Shadman e M. H. Askari, "Modeling and Simulation of Flow and Uranium Isotopes Separation in Gas Centrifuges Using Implicit Coupled Density-Based

Solver in OpenFOAM," *European Journal of Computational Mechanics,* vol. 29, n.º 1, 2020.

[39] V. Ghazanfari, A. Taheri, Y. Amini e F. Mansourzade, "Enhancing heat transfer in a heat exchanger: CFD study of twisted tube and nanofluid (Al2O3, Cu, CuO, and TiO2) effects," *Case Studies in Thermal Engineering,* vol. 53, p. 103864, 2024.

[40] A. E. Kroshilin, V. E. Kroshilin e A. Smirnov, "Numerical investigation of three-dimensional flows of steam-water mixture in the housing of the PGV-1000 steam generator," *Thermal Engineering,* vol. 55, pp. 372-379, 2008.

[41] S. Rouhanifard, A. Kazanter e V. Sergeer, "RELAP5 modeling of the nuclear power plant VVER-1000 steam," *Thermo-Physics Journal,* 2001.

I want morebooks!

Buy your books fast and straightforward online - at one of world's fastest growing online book stores! Environmentally sound due to Print-on-Demand technologies.

Buy your books online at
www.morebooks.shop

Compre os seus livros mais rápido e diretamente na internet, em uma das livrarias on-line com o maior crescimento no mundo! Produção que protege o meio ambiente através das tecnologias de impressão sob demanda.

Compre os seus livros on-line em
www.morebooks.shop

Printed by Books on Demand GmbH, Norderstedt / Germany